Die schwedische Originalausgabe erschien bei Rabén & Sjögren Bokförlag, Stockholm, unter dem Titel »Första Insektsboken«
Deutsch von Regine Elsässer
Satz: Lichtsatz Wandsbek, Hamburg
Printed in Italy 1991

ISBN 3-7891-6760-6

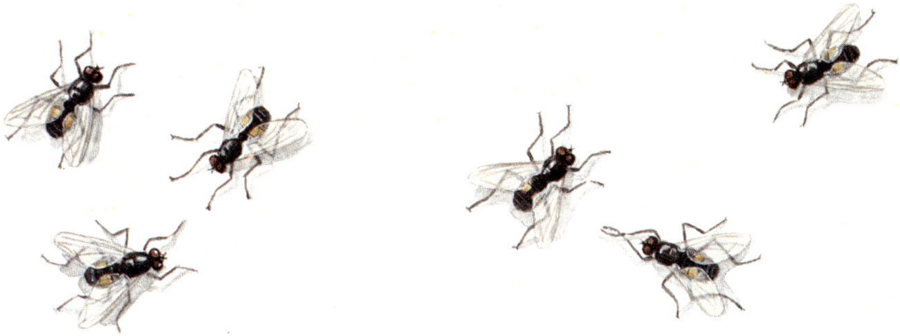

LARS KLINTING

MEIN KLEINES INSEKTEN-BUCH

Verlag Friedrich Oetinger
Hamburg

Lies zuerst diese Seite

Da es in Deutschland ungefähr 28.000 verschiedene Arten von Insekten gibt, ist es fast unmöglich, ein Buch zu schreiben, in dem alle vorkommen. Das würde das dickste Buch der Welt werden! In diesem Buch sind etwa 100 unserer häufigsten Insekten beschrieben, die du draußen in der Natur sehen kannst. Die meisten von ihnen gibt es – abgesehen vom wirklichen Hochgebirge – überall.

Auf einigen Bildern ist ein Strich (|——|) neben dem Insekt, der zeigt, wie groß das Tier in Wirklichkeit ist (Körperlänge). Wenn es keinen Strich gibt, ist das Insekt in natürlicher Größe gemalt.

Bei einem Teil der Insekten sehen Männchen und Weibchen verschieden aus. Das Zeichen für Weibchen ist ♀, und das für Männchen ist ♂. Wenn kein Zeichen danebensteht, bedeutet das, daß Weibchen und Männchen ungefähr gleich aussehen.

Dank an
Håkan Elmquist,
der den Text fachlich geprüft hat
und von dem ich viel über unsere Insekten gelernt habe

INHALT

Die größte Tiergruppe

Der schöne Schmetterling auf der Sommerwiese und die Ameise, die eine Tannennadel zum Haufen trägt, oder die Raupe auf einem Blatt: In der Welt der Insekten gibt es viel Spannendes, das man beobachten kann. Wir Menschen haben auch Nutzen von den Insekten. Die Biene gibt uns Honig, der Marienkäfer hilft, die Blattläuse aus den Gärten fernzuhalten, und viele Insekten bestäuben die Pflanzen.

Sicher hat dich schon einmal eine Mücke oder eine Wespe gestochen. Dann weißt du, daß manche Insekten auch ein bißchen lästig werden können. Aber die Mücke sticht nicht, weil sie böse ist. Das Mückenweibchen muß Blut saugen, damit ihr Ei sich entwickeln kann. Und die Wespe sticht nur, wenn sie sich bedroht fühlt.

Die Insekten sind die Tiergruppe mit den meisten Arten (Sorten). Es gibt über eine Million verschiedene Insektenarten auf der Erde, und man entdeckt jedes Jahr neue! In Deutschland gibt es ungefähr 28.000 verschiedene Insektenarten, und man kann fast überall welche sehen: sowohl im Haus als auch draußen, auf und unter der Erde, im Wasser und in der Luft.

Aber nicht alle Kleintiere sind Insekten. Aber man kann leicht erkennen, ob es sich um ein Insekt

HIER KANNST DU SEHEN, WELCHE KÖRPERTEILE EIN INSEKT HAT

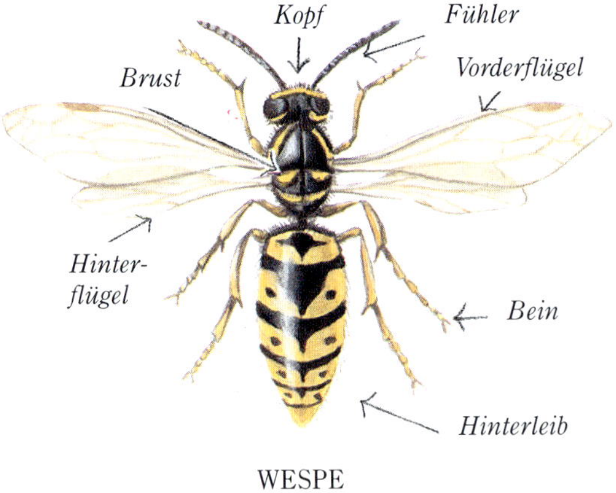

WESPE

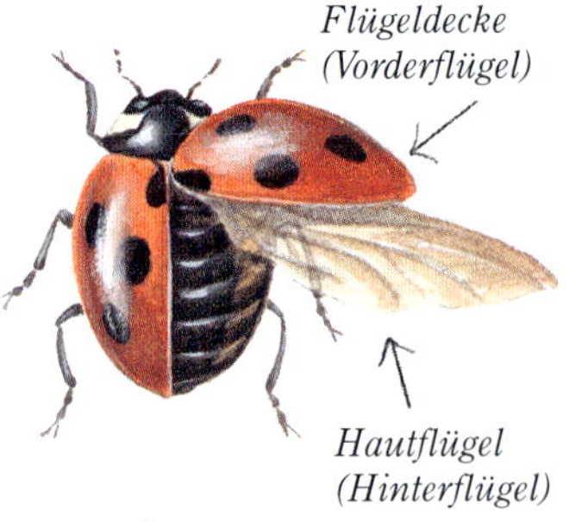

KÄFER
(Marienkäfer)

handelt. Zähle zuerst die Beine! Ein ausgewachsenes Insekt hat immer sechs Beine. Der Körper besteht aus drei Teilen: Kopf, Brust und Hinterleib. Die meisten Insekten können fliegen, und die Flügel sitzen an der Brust. Da sitzen auch die sechs Beine. Bestimmte Tiere und auch wir Menschen gehören zu den Wirbeltieren. Die Wirbeltiere haben ein Skelett mit einer Wirbelsäule im Körper. Die Insekten haben keine Wirbelsäule. Sie werden deshalb Wirbellose genannt, und ihr Skelett sitzt außen am Körper als harte und schützende Schale. Auf Seite 10 und 11 steht mehr über die verschiedenen Körperteile der Insekten.

INSEKT

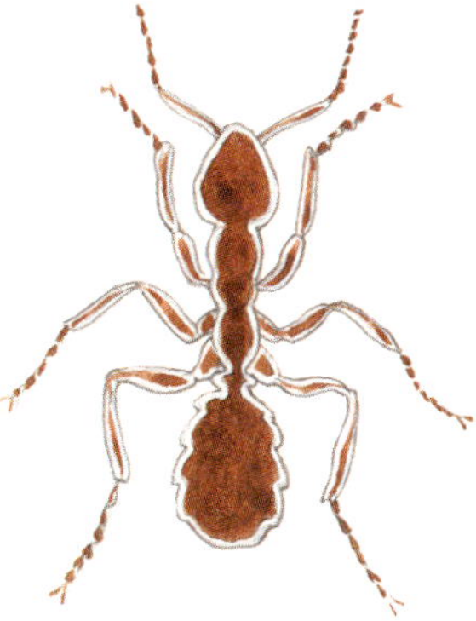

Skelett außen

MENSCH

Skelett innen

DIESE KLEINTIERE SIND **KEINE** INSEKTEN:

SPINNEN

Alle Spinnen haben acht Beine, und der Körper besteht aus zwei Teilen: Vorderleib und Hinterleib.

ASSELN

Asseln haben 14 Beine.

TAUSENDFÜSSLER

Tausendfüßler haben keine tausend Beine, aber mehrere hundert Beine können sie schon haben!

MILBEN

Milben sind oft sehr klein und rundlich. Sie haben acht Beine. Die Zecke ist eine Milbe.

ZECKE

SAMTMILBE

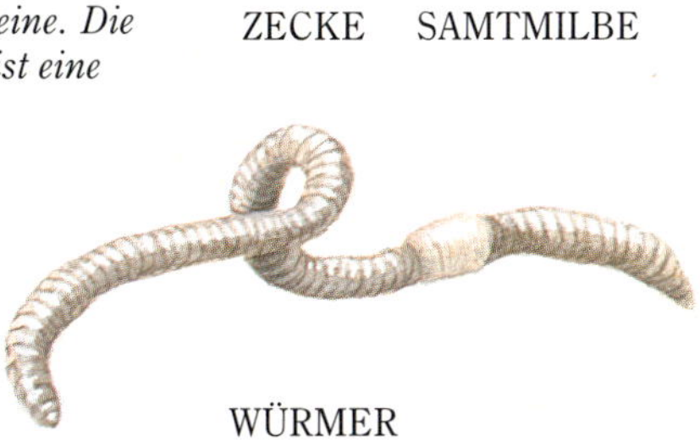

WÜRMER

Würmer haben nie Beine. Einige Insektenlarven sehen manchmal aus wie Würmer.

Die große Verwandlung

Die allermeisten Insekten legen Eier. Die Entwicklung vom Ei zum ausgewachsenen Tier kann auf verschiedene Art und Weise geschehen: durch *unvollständige Verwandlung* oder durch *vollständige Verwandlung*.

Wenn ein Insekt mit unvollständiger Verwandlung aus dem Ei schlüpft, sieht es fast so aus wie das ausgewachsene Insekt. Wie ein »Miniaturinsekt« sozusagen. Dieses bezeichnet man als *Larve*. Das einzige, was die Larve macht, ist fressen und wachsen, und wenn sie wächst, wird die Haut zu eng. Dann zieht die Larve eine neue Haut an, die schon unter der alten gewachsen ist. Das geschieht mehrmals, bis aus der Larve ein ausgewachsenes Insekt geworden ist.

Ein Insekt mit vollständiger Verwandlung durchlebt vier verschiedene Stadien: *Ei, Larve, Puppe* und *ausgewachsenes Insekt*. Wenn die Larve aus dem Ei schlüpft, sieht sie überhaupt nicht so aus wie das ausgewachsene Insekt. Die Larve erinnert eher an einen Wurm und kann ganz unterschiedlich aussehen, je nachdem, um welches Insekt es sich handelt. Auch die Insekten mit vollständiger Verwandlung wechseln die Larvenhaut, wenn sie wachsen. Wenn die Larve ausgewachsen ist, sucht sie einen geschützten Platz, zum Beispiel unter einem Blatt oder in der Erde. Dort häutet sie sich ein letztes Mal. Die neue Haut bildet sich zu einer harten Schale um, und jetzt wird das Insekt zur Puppe.

In der Puppe vollzieht sich die endgültige Verwandlung. Nach einer Zeit platzt die Puppenschale, und das ausgewachsene Insekt kriecht heraus. Das Puppenstadium dauert bei den verschiedenen Insekten unterschiedlich lange. Von ein paar Tagen bis zu mehreren Monaten. Wenn ein Insekt aus seiner Puppenschale gekrochen ist, wächst es nicht mehr. Aus einer kleinen Hummel kann nie eine große Hummel werden.

UNVOLLSTÄNDIGE VERWANDLUNG (Heuschrecke)

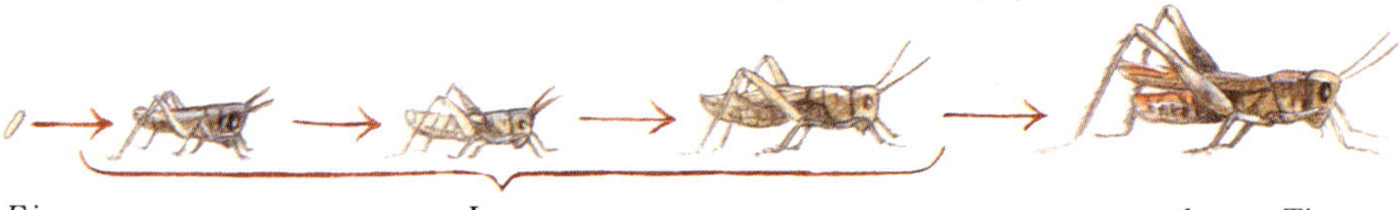

Ei *Larve* *ausgewachsenes Tier*

VOLLSTÄNDIGE VERWANDLUNG

Hier kannst du sehen, wie ein Kleiner Fuchs entsteht.

1. Männchen und Weibchen paaren sich.

2. Das Weibchen legt Eier auf ein Brennesselblatt.

3. Aus dem Ei schlüpft die Raupe (stark vergrößert).

4. Die Raupe frißt vom Brennesselblatt. Die Pflanzenart, von der eine Raupe sich ernährt, nennt man **Wirtspflanze**.

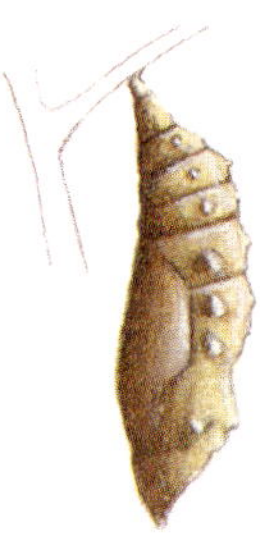

5. Die Raupe verwandelt sich zur Puppe.

6. Die Puppenschale platzt, und der ausgewachsene Schmetterling kriecht heraus.

7. Die Flügel sind noch weich und zerknittert. Deshalb pumpt der Schmetterling Blut in die Flügel, bis sie die richtige Form haben. Dann müssen die Flügel an der Luft trocknen und hart werden.

8. Fertig!

Sehen, fühlen, riechen, schmecken,

DIE AUGEN DER INSEKTEN

Einzelaugen in starker Vergrößerung

Kopf der Hornisse

Die Augen der Insekten werden *Facettenaugen* genannt. Ein Facettenauge besteht aus vielen kleinen Einzelaugen. Einige Ameisen haben z. B. ein paar hundert Einzelaugen, bei Libellen kann ein Facettenauge aus bis zu 30.000 Einzelaugen bestehen! Man weiß nicht ganz genau, wie ein Insekt seine Umwelt wahrnimmt, aber man weiß, daß es um so besser sieht, je mehr Einzelaugen es hat. Viele Insekten besitzen außerdem noch einfache Augen, die Punktaugen genannt werden. Sie sind sehr klein und nur schwer zu sehen.

EIN MUND FÜR JEDEN ZWECK

Die Mundwerkzeuge der Insekten sehen unterschiedlich aus, je nachdem, wovon das Insekt sich ernährt. Einige Insekten ernähren sich von fester Nahrung: Diese haben Kiefer, mit denen sie das Futter zerkauen, ehe es geschluckt wird. Käfer, Hautflügler und Libellen sind Beispiele für Insekten mit beißenden Mundwerkzeugen. Es gibt auch Insekten, die nur flüssige Nahrung zu sich nehmen, z. B. Wanzen und Schmetterlinge. Die Wanzen, z. B. die Beerenwanzen, haben ein spitzes Saugrohr, mit dem sie sowohl stechen als auch saugen können. Schmetterlinge haben einen zusammengerollten Saugrüssel unter dem Kopf, den sie ausrollen können, wenn sie Honigsaft (Nektar) aus den Blumen saugen. Die Larven der Schmetterlinge haben allerdings beißende Mundwerkzeuge, mit denen sie Pflanzen fressen können.

Käfer haben beißende Mundwerkzeuge. Hier ein Laufkäfer mit seinen kräftigen Kiefern.

Saugrüssel eines Schmetterlings

Das Saugrohr der Beerenwanze. Wenn es nicht gebraucht wird, liegt es gefaltet unter dem Körper.

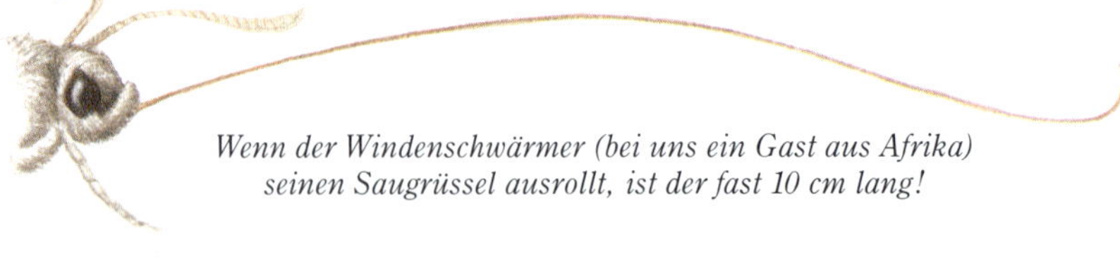

Wenn der Windenschwärmer (bei uns ein Gast aus Afrika) seinen Saugrüssel ausrollt, ist der fast 10 cm lang!

hören und an der Decke entlanglaufen

FÜHLEN UND RIECHEN

Alle ausgewachsenen Insekten haben ein Paar Fühler auf dem Kopf. Auf dem Bild rechts kannst du ein paar Beispiele für die verschiedenen Fühler sehen. Die Insekten verwenden ihre Fühler zum Fühlen und Riechen. Einige Insekten haben einen sehr guten Geruchssinn. Es gibt Nachtfaltermännchen, die den Geruch eines Weibchens über mehrere hundert Meter Abstand wahrnehmen können.

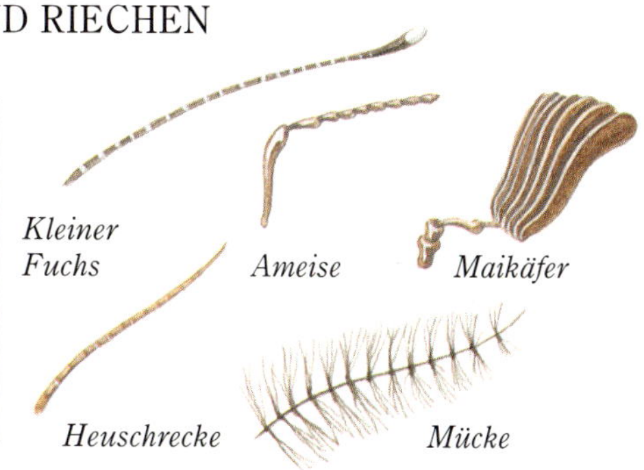

WARUM DIE FLIEGE AN DER DECKE ENTLANGLAUFEN KANN

Ganz außen am Fuß haben die Insekten zwei Krallen. Mit den Krallen können sie sich an allen Unebenheiten festhalten, die es immer an einer Wand oder einem Grashalm gibt. Aber die Fliege (und einige andere Insekten) kann auch an der Decke oder auf einer glatten Glasscheibe laufen, ohne abzustürzen. Das ist möglich, weil sie eine Art Saugnäpfe, sogenannte Haftblasen, am Fuß hat, mit denen sie sich festhält.

MIT DEN BEINEN HÖREN

Eine Heuschrecke hat die Ohren wirklich an den Beinen! An jedem Vorderbein sind zwei winzigkleine Löcher, die als Ohren dienen. Die Ohren der Insekten oder das Hörorgan, wie es eigentlich heißt, können an den verschiedensten Körperteilen sitzen. Einige Insekten hören mit den Fühlern, andere mit der Brust oder dem Hinterleib.

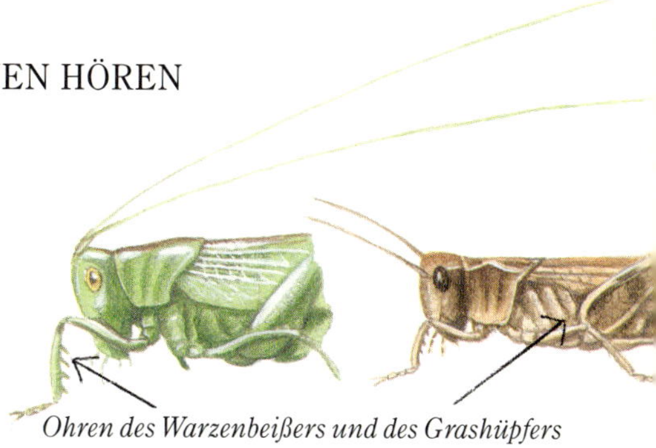

Genauer beobachten

Du kannst das ganze Jahr über Insekten finden. Im Winter leben viele von ihnen als Larven oder Puppen in der Erde oder im Wasser. Da ist es nicht so kalt wie an der Luft. Einige überwintern als ausgewachsene Tiere, aber dann halten sie eine Art Winterschlaf an einem geschützten Ort.

Um sich wohl zu fühlen, brauchen die meisten Insekten Wärme. Sie können nicht wie wir Menschen die Körpertemperatur konstant halten. Statt dessen haben sie immer ungefähr die gleiche Temperatur wie die umgebende Luft. Wenn es zu kalt wird, werden sie träge und unbeweglich. Deshalb ist der Sommer die beste Jahreszeit, wenn man Insekten beobachten will.

Einige Dinge solltest du bedenken, wenn du mit Insekten umgehst. Wenn du ein Insekt fängst, um es genauer zu betrachten, dann laß es auch wieder frei, am besten da, wo du es gefunden hast. Es gibt in Deutschland keine lebensgefährlichen Insekten, aber denk daran, daß eine ganze Reihe von Insekten stechen oder beißen können, und zwar so, daß man es spürt! Menschen, die unter Allergien leiden, können von einem Wespenstich krank werden. Nimm auch keine haarigen Raupen in die Hand. Man kann einen Ausschlag oder Juckreiz bekommen. Aber die allermeisten Insekten sind friedliche kleine Geschöpfe, die niemandem Schaden zufügen.

NÜTZLICHE AUSRÜSTUNG, WENN MAN INSEKTEN BEOBACHTEN WILL

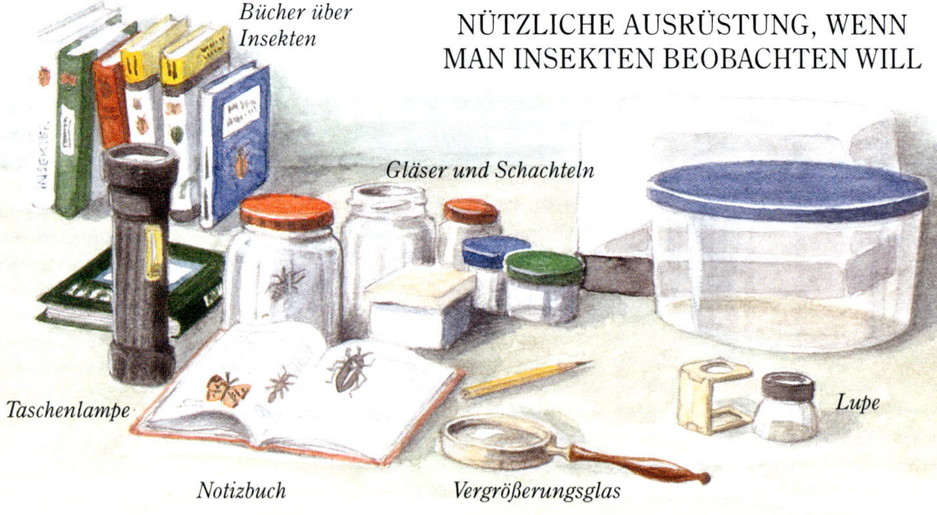

INSEKTENFALLE

Viele Insekten sind Nachttiere, die man am Tag nie zu sehen bekommt. Eine Möglichkeit, solche Insekten zu fangen, ist, Fallen aufzustellen, in die sie während der Nacht geraten. Grabe ein kleines Glas mit geraden Seiten so ein, daß die Öffnung mit der Erde abschließt. Decke die Falle mit einem Stück Brett oder etwas Ähnlichem ab, damit es nicht hineinregnet. Am Morgen kannst du sehen, was in der Falle ist.

Eingegrabene Insektenfalle. Grabe die Falle versuchsweise an verschiedenen Stellen ein. Und vergiß nicht, das Loch hinterher wieder zuzumachen, damit niemand stolpert und sich den Fuß bricht!

SCHMETTERLINGSNASCHWERK

Fast alle Schmetterlinge werden vom Licht angezogen. Du hast sicher schon welche um eine Straßenlaterne oder im Sommer um eine Gartenlampe fliegen sehen. Aber nicht nur das Licht lockt Nachtfalter an. Düfte sind ebensogut geeignet. Du kannst Nachtfalter anlocken, wenn du duftende Köder für sie auslegst.

Und so machst du »Schmetterlingsnaschwerk«: Verrühre einen Teelöffel frische Hefe mit einem Eßlöffel lauwarmem Wasser und vermische es mit einer halben Tasse leicht gezuckertem Apfelmus. Am besten selbstgemachtes ohne Konservierungsstoffe. Laß den Brei einige Stunden gären! Achtung! Er muß gären!

Pinsle die Mischung auf einige ausgewählte Pfosten, Steine oder Baumstämme. Die besten Stellen sind an einem Waldweg oder am Waldrand entlang. Wenn es dunkel wird, nimmst du eine Taschenlampe und gehst nachschauen, welche Nachtfalter angelockt worden sind.

EINE EIGENE SCHMETTERLINGSZUCHT

Man kann natürlich Schmetterlinge mit einem Netz fangen, aber es ist ziemlich schwierig, und Schmetterlinge sind sehr empfindlich. Es gibt eine viel spannendere Methode, Schmetterlinge zu studieren: eine eigene Schmetterlingszucht, wo du die Entwicklung eines Schmetterlings von der Raupe (die Larven der Schmetterlinge heißen Raupen) bis zum ausgewachsenen Insekt verfolgen kannst. Am leichtesten läßt sich der Kleine Fuchs ziehen.

Das brauchst du:

1. Zuerst brauchst du einen Käfig, damit die Raupen nicht fliehen. Am praktischsten ist eine durchsichtige Plastikschüssel mit Deckel, in die 2–3 Liter passen. Die Schüssel muß mindestens 10–15 Zentimeter hoch sein, damit die Puppen frei hängen können, ohne Schaden zu nehmen.

Und dann brauchst du natürlich Raupen des Kleinen Fuchses. (Auf Seite 25 kannst du nachschauen, wie sie aussehen). Im Juni–Juli kannst du sie auf Brennesseln finden.

Setz einige Raupen in ein kleines Glas mit Deckel und pflücke auch frische Brennesseln als Futter für die Raupen. Nimm Handschuhe, die Nesseln brennen wirklich!

2. Leg die frischen Brennesseln auf ein Stück Haushaltspapier auf den Boden des Raupenkäfigs und setz die Raupen vorsichtig auf die Nesseln. Mach den Deckel drauf und schütze den Käfig vor direktem Sonnenlicht.

3. Jetzt hast du für ein paar Wochen »Haustiere«. *Vergiß nicht, jeden Tag das Papier zu wechseln und den Raupen jeden Tag frische Brennesseln zu bringen.* Sie fressen **nur** Brennesseln, und sie koten ziemlich viel. Am einfachsten ist es, Papier und Brennnesseln zu wechseln, wenn du zwei Behälter hast. Da hast du immer einen sauberen Behälter, in den du die Raupen setzen kannst, während du den anderen sauber machst. Der Deckel muß immer drauf sein, damit die Raupen nicht austrocknen. Die Raupen brauchen nicht mehr Luft, als im Behälter ist. Sie atmen sehr wenig, und dann bekommen sie ja auch frische Luft, wenn du jeden Tag das Papier und die Brennesseln wechselst.

4. Nach ein paar Wochen hören die Raupen auf zu fressen und hängen sich an der Decke (dem Deckel) des Behälters auf, um sich zu verpuppen. Jetzt darfst du den Behälter nicht mehr anfassen. Nach etwa einer Woche schlüpfen aus den Puppen die fertigen Schmetterlinge. Kurz vor dem Schlüpfen verändert sich die Farbe der Puppen, und man kann die Farbe der Flügel durch die Puppenhaut sehen. Jetzt müssen die Schmetterlinge noch Blut in die zerknitterten Flügel pumpen und trocknen. Das dauert einige Stunden. Und dann dürfen sie in die Freiheit fliegen...

Versuch, die Brennesseln und die Raupen in der Gegend, wo du wohnst, zu finden, damit es kein Problem ist, jeden Tag frische Brennesseln zu holen. Und wenn du die fertigen Schmetterlinge dann freiläßt, ist es gut, wenn sie in der Nähe ihres Geburtsplatzes sind.

Ordnung und System

Um bei den Millionen von Insekten, die es auf der Erde gibt, nicht den Überblick zu verlieren, haben die Wissenschaftler sie in 25 verschiedene Gruppen eingeteilt, die man *Ordnungen* nennt. Blumen, Bäume und alle anderen Tiere sind auch in Ordnungen aufgeteilt. In diesem Buch kommen 8 der 25 Insekten-Ordnungen vor, und auf diesen beiden Seiten kannst du sehen, wie sie heißen. Jede Ordnung hat eine eigene Farbe bekommen. Die Schmetterlinge blau, die Hautflügler gelb usw. Die gleiche Farbe ist auch ganz oben auf jeder Seite, wo die Insekten beschrieben sind. So kannst du sehen, daß z. B. die Fliege zur Ordnung der *Zweiflügler* gehört und die Hummel zu den *Hautflüglern*.

Die Libellen kommen zuerst, weil sie zu den ersten Insekten gehörten, die sich vor einigen Millionen von Jahren auf der Erde entwickelt haben. Die Käfer haben sich erst viel später entwickelt.

LIBELLEN

Es gibt in Mitteleuropa 100 Arten von Libellen, viele sind sehr bunt, und oft ist der Hinterleib lang und schmal. Sie haben durchsichtige Flügel, mit denen sie oft rascheln, wenn sie durch die Luft gesaust kommen. Viele Libellen sind geschickte Flieger, und sie können sogar rückwärts fliegen, wenn es sein muß. *Wasserjungfern* gehören zu den Libellen. Unvollständige Verwandlung (siehe S. 8)

HEUSCHRECKEN

In Deutschland gibt es 130 Arten von Heuschrecken. Alle haben kräftige Sprungbeine. Man unterteilt sie in zwei Gruppen: *Langfühlerschrecken*, das sind die *Laubheuschrecken* und *Grillen*, und *Kurzfühlerschrecken*, das sind die *Feldheuschrecken*. Die Feldheuschrecken fressen Gras, Laubheuschrecken und Grillen fressen auch Kleintiere. Sie sind meistens bräunlich oder grünlich. Unvollständige Verwandlung.

OHRWÜRMER

Die Ohrwürmer erkennt man an den »Zangen« am Hinterleib. Es sind langgestreckte, bräunliche Insekten, die sowohl von Pflanzenteilen als auch von anderen Kleintieren leben. Ohrwürmer sind Nachttiere. Sie verstecken sich tagsüber unter Steinen und in Ritzen. Es ist eine recht kleine Ordnung mit nur acht Arten in Mitteleuropa. Einige Ohrwürmer können fliegen, manche haben keine Vorderflügel. Unvollständige Verwandlung.

SCHNABELKERFE

Schnabelkerfe können sehr unterschiedlich aussehen, aber sie haben alle einen kleinen Saugrüssel, mit dem sie Flüssigkeit aus Pflanzen oder Tieren saugen können. Wanzen, Wasserläufer und Blattläuse gehören zur Ordnung der Schnabelkerfe. Man unterteilt sie in zwei Unterodnungen: die Wanzen und andere Pflanzensauger, z. B. Blattläuse. In Mitteleuropa gibt es ungefähr 1 000 Arten von Schnabelkerfen. Unvollständige Verwandlung.

SCHMETTERLINGE

Man teilt die Schmetterlinge ein in solche, die am Tag fliegen, die *Tagfalter*, und solche, die bei Nacht fliegen, die *Nachtfalter*. Aber es gibt auch Nachtfalter, die am Tag fliegen. Alle Schmetterlinge haben einen Saugrüssel, und die Flügel haben kleine Schuppen. Die Schuppen sind wie die Ziegel auf einem Dach angeordnet und geben den Flügeln Farbe und Muster. Es gibt in Mitteleuropa ungefähr 3–4 000 Schmetterlingsarten. Vollständige Verwandlung.

ZWEIFLÜGLER

Fliegen, Bremsen und Mücken gehören zu den Zweiflüglern. Daß sie Zweiflügler heißen, ist leicht verständlich: Sie haben nur zwei Flügel. Die Hinterflügel sind zu kleinen »Kolben« umgewandelt, die dazu verwendet werden, beim Fliegen zu steuern und das Gleichgewicht zu halten. Die meisten Arten haben durchsichtige Flügel. Die Zweiflügler sind eine ziemlich große Insektengruppe mit etwa 7–8 000 Arten. Vollständige Verwandlung.

HAUTFLÜGLER

Ein typischer Hautflügler hat vier durchsichtige Flügel. Die Hinterflügel sind kleiner als die Vorderflügel (manchmal ist es schwierig, die Hinterflügel zu erkennen, besonders wenn das Insekt ruht). Einige Hautflügler bilden Staaten, genau wie wir Menschen. Ameisen, bestimmte Arten von Hummeln, Bienen und Wespen leben in Staaten. Die Hautflügler sind unsere größte Ordnung von Insekten mit ungefähr 10 000 Arten in Mitteleuropa. Vollständige Verwandlung.

KÄFER

Die Käfer sind die größte Insektenordnung mit etwa 350 000 bekannten Arten! Bei uns gibt es ungefähr 8 000 Arten von Käfern. Die Vorderflügel der Käfer sind zu harten Flügeldecken umgebildet, sie schützen den weichen Hinterleib. Sie fliegen mit Hautflügeln, die zusammengefaltet unter den Flügeldecken liegen. Siehe Seite 6. Die Käfer durchlaufen eine vollständige Verwandlung.

Mosaikjungfer

LIBELLEN

Blauflügel-Prachtlibelle

Azurjungfer

Libellen halten sich meistens an Seen, Flüssen und kleineren Wasseransammlungen auf. Aber da sie sehr gut fliegen können, kannst du sie auch an Wegrändern, Wiesen und Waldlichtungen antreffen. Libellen fressen andere Insekten, zum Beispiel Fliegen und Mücken, die sie im Flug fangen. Die großen Augen sind wichtig für die Libellen. Mit ihnen sehen sie ihr Futter und ihre Feinde. Das Weibchen legt seine Eier ins Wasser, wo die Larven dann ausschlüpfen. Die Larven leben mehrere Jahre unter Wasser, und da atmen sie mit einer Art Kiemen wie die Fische. Das Futter der Larven besteht aus kleinen Wassertieren, die sie mit ihrer verlängerten Unterlippe fangen (siehe Bild). Wenn eine Libellenlarve ausgewachsen ist, krabbelt sie an einem Schilfhalm aus dem Wasser. Nach einer Weile platzt die Larvenhaut, und die ausgewachsene Libelle kriecht heraus. Man teilt die Libellen ein in *Großlibellen* und *Kleinlibellen*, auch *Wasserjungfern* genannt. Wie du auf dem Bild sehen kannst, halten sie die Flügel in Ruhestellung unterschiedlich.

Adonislibelle

Die Larve der Libelle hat eine verlängerte Unterlippe mit spitzen Klau en, die sie unter dem Kopf zusammenfaltet. Mit ihr fängt sie ihre Beute. Blitzschnell!

Libellenlarve

Warzenbeißer (kann auch braun sein)

Feldheuschrecke

HEUSCHRECKEN

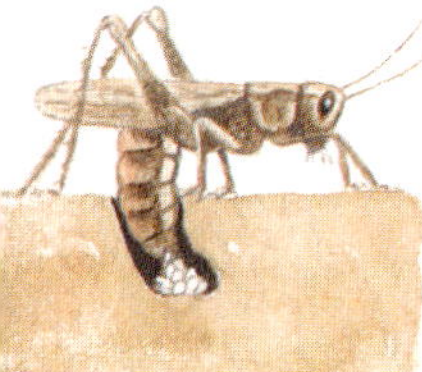

Das Heuschreckenweibchen legt im Spätsommer seine Eier in die Erde. Die Eier überwintern, und im Frühjahr schlüpfen die Tiere aus.

Es gibt in Deutschland 130 Arten von Heuschrecken. Der *Braune Grashüpfer* ist eine der häufigsten, und er fühlt sich auf trockenen Wiesen am wohlsten. Du hast bestimmt schon einmal das Zirpen der Heuschreckenmännchen gehört, wenn sie Weibchen anlocken wollen. (Die Weibchen können manchmal auch zirpen.) Die Töne entstehen, wenn die Hinterbeine gegen die Flügel gerieben werden. Eine der größten bei uns vorkommenden Heuschrecken ist der *Warzenbeißer.* Er lebt sowohl auf trockenen als auch auf feuchten Wiesen. Man kann die Weibchen leicht an dem langen Legebohrer am Hinterleib erkennen. Der Warzenbeißer ist auch ein tüchtiger »Musikant«, er reibt beim Spielen die Flügel aneinander. Früher glaubte man, daß die Warzenbeißer Warzen wegbeißen können, denn sie können wirklich kräftig zubeißen!

Man unterteilt die Heuschrecken in Langfühlerheuschrecken oder Laubheuschrecken und Grillen und Kurzfühlerheuschrecken oder Feldheuschrecken.

Hier legt das Weibchen des Warzenbeißers seine Eier. Ihre Eier schlüpfen auch im Frühjahr, nachdem sie im Boden überwintert haben.

Larve einer Feldheuschrecke

Larve einer Laubheuschrecke

Grille oder Heimchen

*Es gibt auch noch zwei andere »Spielleute«: die **Hausgrille** oder **Heimchen** und die **Maulwurfsgrille**. Man hört ihren Gesang nur im Frühjahr. Die Hausgrille ernährt sich u. a. von Abfällen und lebt oft in der Nähe des Menschen, auch im Haus. Die Maulwurfsgrille lebt in unterirdischen Gängen.*

Maulwurfsgrille

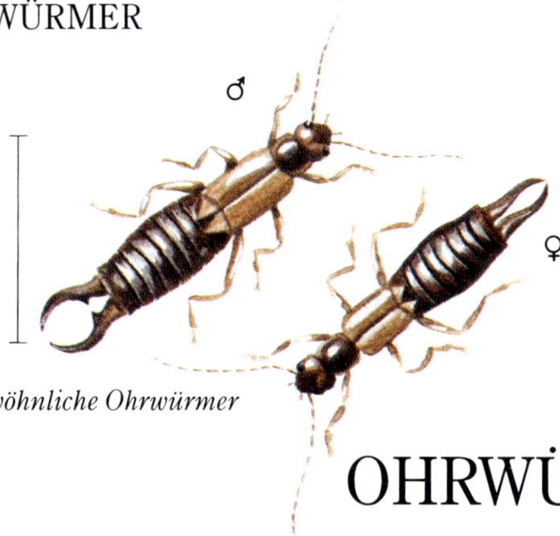

Gewöhnliche Ohrwürmer

OHRWÜRMER

Der Gewöhnliche Ohrwurm kann fliegen, tut es aber sehr selten.

Die Nacht ist die Zeit der Ohrwürmer. Dann sind sie auf der Suche nach Futter. Ohrwürmer fressen fast alles: Pflanzen, Abfälle und andere Kleintiere. Tagsüber verstecken sie sich unter einem Stein oder in anderen dunklen Ecken. Sie mögen kein Licht!

Am häufigsten sieht man bei uns den *Gewöhnlichen Ohrwurm*. Er hat, wie alle Ohrwurmarten, eine Zange am Hinterleib. Die Zange des Männchens ist mehr gebogen als beim Weibchen. Im Herbst gräbt das Weibchen eine Höhle in die Erde. Dort überwintert sie zusammen mit einem Männchen, mit dem sie sich auch paart. Zeitig im Frühjahr jagt sie das Männchen davon und legt ihre Eier. Sie legt ungefähr 50 Eier, die sie sorgfältig pflegt, indem sie sie dauernd dreht und leckt, damit sie nicht austrocknen oder schimmeln. Sie füttert die Larven sogar eine Zeitlang, was sehr ungewöhnlich bei Insekten ist. Wenn die Larven halb ausgewachsen sind, stirbt das Weibchen. Im Spätsommer sind die Larven ausgewachsen. Weitere bei uns vorkommende Ohrwürmer sind der *Kleine Ohrwurm*, der *Sandohrwurm* und der *Waldohrwurm*. Früher glaubte man, daß der Ohrwurm in Ohren krabbelt.

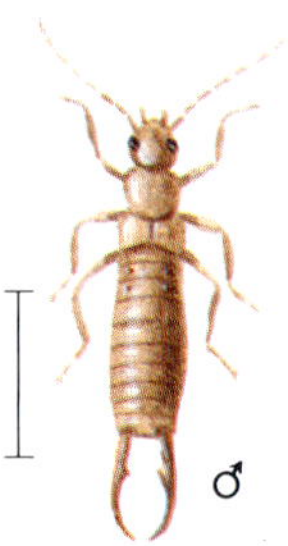

Der Sandohrwurm kann nicht fliegen.

Der Kleine Ohrwurm ist die Art, die am häufigsten fliegt.

Larve eines Gewöhnlichen Ohrwurms

Der Waldohrwurm hat keine Hinterflügel und kann nicht fliegen.

Beerenwanze

WANZEN

Grüne Stinkwanze

Larve

Rotbeinige Baumwanze

Wanzen erinnern im Aussehen an Käfer, aber sie sind überhaupt nicht mit ihnen verwandt. Manche Wanzen leben an Land, andere im Wasser. Sie haben alle ein spitzes Saugrohr, mit dem sie Flüssigkeit aus Tieren und Pflanzen saugen. Viele Wanzen können eine übelriechende Flüssigkeit verspritzen, wenn sie sich bedroht fühlen, deswegen nennt man sie oft auch Stinkwanzen.

Die Beerenwanze lebt auf grünen Pflanzen, Bäumen und Büschen, und sie mag sehr gerne Beeren. Manchmal kann man den Stinkwanzengeruch auf den Himbeeren riechen, und dann weiß man, warum die Tiere Stinkwanzen heißen!

Der Rückenschwimmer ist eine lustige kleine Wanze, die im Wasser lebt. Er schwimmt immer auf dem Rücken und benutzt die Hinterbeine als »Ruder«. Damit das gut funktioniert, haben die Hinterbeine Haare.

Der Wasserläufer ist eine Wanze, die auf der Wasseroberfläche lebt. Er springt mit Hilfe der Mittelbeine und steuert mit den Hinterbeinen wie mit einem Ruder.

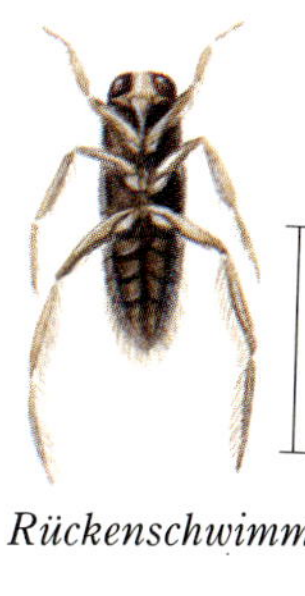

Rückenschwimmer

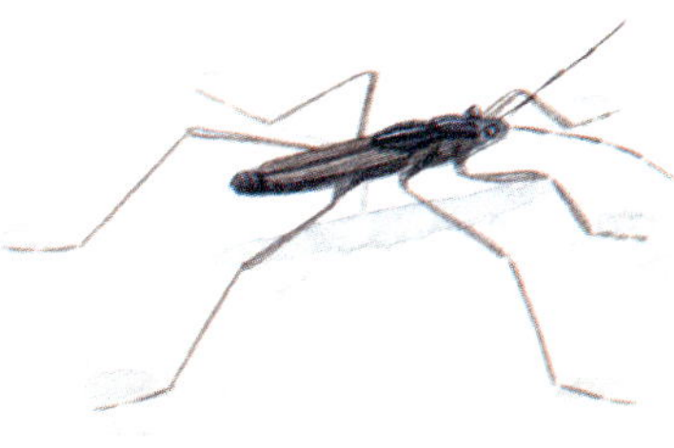

Wasserläufer

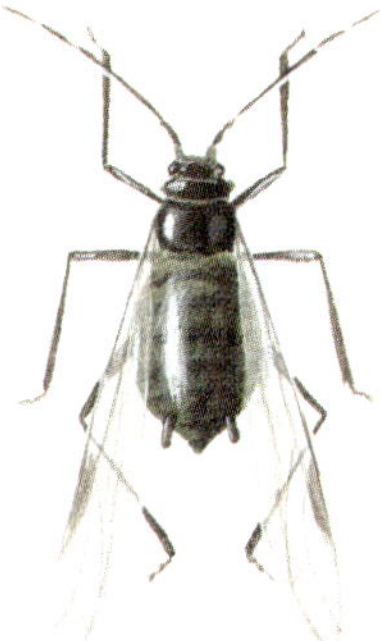

Schwarze Bohnenblattlaus

Rosenblattlaus (kann auch rosa sein)

Larve

BLATTLÄUSE

und andere Pflanzensauger

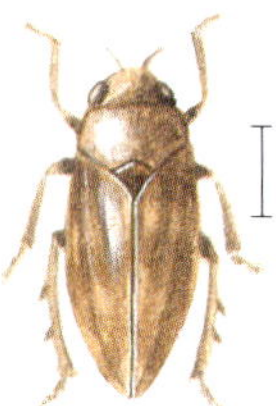

Gewöhnliche Schaumzikade

Larve ohne »Spucke«

Pflanzensauger sind eine Gruppe von Insekten, zu denen unter anderem Blattläuse und Zikaden gehören. Sie nehmen, genau wie die Wanzen, die Nahrung mit dem Saugrüssel auf.

Blattläuse. Es gibt in Deutschland ungefähr 750 Arten von Blattläusen, und sie können großen Schaden an den Pflanzen anrichten. Das Merkwürdige bei ihnen ist ihre Vermehrung: Im Herbst werden Eier gelegt, die überwintern. Im Frühjahr schlüpfen aus den Eiern nur Weibchen aus. Diese Weibchen gebären Weibchen, die wiederum auch nur Weibchen gebären, und das den ganzen Sommer über. Sie gebären ihre Jungen, ohne sich mit einem Männchen zu paaren. Man nennt das *Jungfernzeugung*, und die Larven schlüpfen im Körper des Weibchens aus. Einige Weibchen haben Flügel und verbreiten sich so auf andere Pflanzen. Erst im Herbst werden Männchen geboren, die sich mit Weibchen paaren.

Die Larve der *Schaumzikade* bildet einen Schaum, in dem sie lebt. Der Schaum schützt die Larve vor dem Austrocknen und wird manchmal »Kuckucksspeichel« genannt.

Bestimmte Ameisen nützen Blattläuse als »Milchkühe«. Sie schlecken den Honigsaft, eine süße, klebrige Flüssigkeit, die die Blattläuse ausscheiden.

Die Larve der Schaumzikade baut ihr »Nest«: Sie scheidet Pflanzensaft aus. Der wird mit Luft gemischt, die die Larve aus Atmungslöchern in ihrem Körper pumpt, genau wie wenn man mit einem Strohhalm in ein Glas Limo bläst.

So sieht die Unterseite der Flügel aus.

KLEINER FUCHS

Nesselfalter

In Gärten und auf blumenreichen Wiesen sieht man den Kleinen Fuchs zwischen Blumen fliegen und Nektar saugen. Er ist einer unserer häufigsten Schmetterlinge, den man schon sehr zeitig im Frühjahr sehen kann, wenn er aus seinem Winterschlaf aufgewacht ist. Der Kleine Fuchs überwintert in hohlen Bäumen, Schuppen oder im Speicher.

Die Flügelschuppen des Kleinen Fuchses in starker Vergrößerung. (siehe Seite 17)

Im Frühjahr nach der Paarung legt das Weibchen seine Eier auf Brennesseln, das ist die Wirtspflanze der Raupe (siehe Seite 9). Dann sterben Weibchen und Männchen. Aus den Eiern schlüpfen Raupen, die sich von Brennesselblättern ernähren. Nach ein paar Wochen verpuppen sich die Raupen, und im Laufe des Sommers kriechen neue Schmetterlinge aus den Puppen. Im Herbst sucht der neue Schmetterling einen geschützten Platz zum Überwintern auf.

Es sieht so aus, als ob der Kleine Fuchs nur vier Beine hätte. Das kommt daher, daß die Vorderbeine versteckt und mit dem bloßen Auge nicht zu sehen sind. Viele andere Schmetterlinge haben auch so kleine Vorderbeine, zum Beispiel das Pfauenauge, der Perlmutterfalter und der Scheckenfalter.

Puppe

Raupe. Wenn die Raupen frisch geschlüpft sind, leben sie in Kolonien unter einem Netz, das sie sich gesponnen haben.

ZITRONENFALTER

Zeitig im Frühjahr, wenn die Sonnenstrahlen wärmen, wacht der Zitronenfalter aus seinem Winterschlaf auf. Er überwintert auf der Erde zwischen Gras und Sträuchern. Nach der Paarung legt das Weibchen Eier, und dann sterben sowohl Weibchen als auch Männchen an Altersschwäche. Kein Schmetterling wird sehr alt!

Die Raupen leben von den Blättern eines Busches, der Faulbaum heißt. Bevor die Raupe sich verpuppt (sich in eine Puppe verwandelt), spinnt sie einen Seidenfaden um sich und den Ast, auf dem sie sitzen will. Im Juli-August schlüpfen die neuen Zitronenfalter aus den Puppen, und wenn der Herbst kommt, haben sie sich schon versteckt, um bis zum nächsten Frühjahr zu schlafen.

Puppe

Der Zitronenfalter ist weit verbreitet auf Wiesen und in Gärten, wo er vom Nektar der Blumen lebt. Wenn der Zitronenfalter mit zusammengefalteten Flügeln ruht, sieht er fast wie ein Blatt aus. Das ist ein guter Schutz gegen Vögel und andere Feinde. Die Farbe des Männchens ist leuchtend zitronengelb, die des Weibchens ist grünlich-weiß.

Raupe

♀

♂

KOHLWEISSLING

Im Mai schlüpfen die ersten Kohlweißlinge, die als Puppen überwintert haben. Wenn sie sich gepaart haben, legt das Weibchen Eier, hungrige Raupen schlüpfen aus, verpuppen sich und werden zu neuen Kohlweißlingen, die im Juli–August fliegen. Ihre Raupen verpuppen sich im Herbst und überwintern. Der Große Kohlweißling fliegt in zwei bis drei Generationen. Das bedeutet, daß in einem Sommer zwei- oder dreimal ausgewachsene Schmetterlinge entstehen.

Es gibt zwei Verwandte des Kohlweißlings, nämlich den Kleinen Kohlweißling und den Rapsweißling. Es ist nicht immer leicht, die drei Schmetterlinge auseinanderzuhalten. Der Große Kohlweißling ist der größte und hat am meisten Schwarz in der Ecke der Vorderflügel. Zusammen mit seinen Verwandten ist der Kohlweißling der größte Feind der Kohlbauern. Die Raupen aller drei Arten lieben Kohl, und sie sind sehr gefräßig! Die Schmetterlinge fressen keinen Kohl. Sie saugen, wie die meisten Schmetterlinge, Nektar. Den Kohlweißling sieht man am häufigsten auf blumenreichen Feldern und in Gärten.

Raupe

Puppe

Rapsweißling ♀

Großer Perlmutterfalter

PERLMUTTERFALTER

Großer Perlmutterfalter

Es gibt insgesamt 22 Arten von Perlmutterfaltern in Deutschland. Ihren Namen haben sie von perlmutterschillernden Flecken auf der Unterseite der Hinterflügel.

Der Große Perlmutterfalter ist im ganzen Land verbreitet, und er fliegt im Juli–August auf offenen, sonnigen Stellen am Waldrand und auf Wiesen. Wie die meisten anderen Schmetterlinge lebt der Große Perlmutterfalter nicht besonders lange. Wenn der Schmetterling nicht von Vögeln oder anderen Tieren aufgefressen wird, stirbt er vor dem Herbst. Aber davor hat das Weibchen Eier gelegt, die Raupen überwintern. Im Frühjahr ernähren sich die Raupen von ihrer Wirtspflanze, dem Veilchen, und sie verpuppen sich im Juni. Einen Monat später schlüpfen die neuen Schmetterlinge.

Es gibt einige andere Schmetterlinge, mit denen man den Perlmutterfalter verwechseln kann. Einer von ihnen ist der Gemeine Scheckenfalter. Er ist eng mit den Perlmutterfaltern verwandt, hat aber keine schillernden Flecken.

Raupe des Großen Perlmutterfalters

Gemeiner Scheckenfalter

♀

♂

Hauhechel-Bläuling

BLÄULINGE

Hauhechel-Bläuling

Brombeer-zipfelfalter

Kleiner Feuerfalter

er Brombeer- pfelfalter und der leine Feuerfalter ehören zur glei- ıen Schmetter- ngsgruppe wie die läulinge. Es gibt ısammen etwa 50 rten in Deutsch- ınd.

Die Bläulinge gehören zu unseren kleinsten Tagfaltern, und der Hauhechel-Bläuling ist einer der häufigsten. Er fliegt überall, wo es viele Blumen gibt. Die Raupen leben auf allerlei Schmetterlingsblütlern, besonders dem Hornklee. Manchmal lebt die Raupe auch nur auf einer bestimmten Pflanze, z. B. der Hauhechel-Bläuling auf dem Hauhechel. Der Hauhechel-Bläuling fliegt in zwei bis drei Generationen, im Gebirge schafft er nur eine.

Die Raupe des Thymianheiden-Bläulings führt ein seltsames Leben. Die Raupe lebt erst von ihrer Wirtspflanze, dem Thymian. Nach einer Zeit frißt sie nichts mehr und wandert umher. Aus einer Drüse auf dem Rücken preßt sie eine süße Flüssigkeit, die bestimmte Ameisen mit Begeisterung schlecken. Die Ameisen mögen diesen Saft so gerne, daß sie die Raupe in ihren Stock tragen, wo sie diese pflegen und schützen. Aber da fängt die Raupe an, die Ameisenlarven zu fressen! Die Raupe verpuppt sich im Ameisenhaufen, und der fertige Schmetterling kriecht heraus und fliegt davon…

Hauhechel

Hauhechel-Bläulingsraupe

Thymianheiden-Bläuling ♀

LIGUSTERSCHWÄRMER

Puppe

Der Ligusterschwärmer gehört zu unseren größten Schmetterlingen. Da er ein Nachtfalter ist, sieht man ihn nicht so oft, obwohl er ziemlich weit verbreitet ist. Dagegen sieht man oft die grüne, dicke Raupe mit dem »Horn« am Hinterleib.

An Abenden im Juni–Juli fliegt der Ligusterschwärmer und besucht verschiedene Blüten. Er steht dann mit schwirrenden Flügeln vor der Blüte in der Luft und saugt mit seinem langen Saugrüssel Nektar.

Das Weibchen legt die Eier unter anderem auf Flieder, Esche und natürlich Liguster, der dem Schmetterling den Namen gegeben hat. Liguster ist ein Busch, der in unseren Gärten als Hecke gezogen wird. Im Juli–August kann man die Raupe auf einer der Wirtspflanzen sehen oder wenn sie wegkrabbelt, um sich zu verpuppen. Bevor die Raupe sich verpuppt, gräbt sie ein Loch in die Erde, wo sie als Puppe überwintert.

Tagsüber hält sich der Ligusterschwärmer mit zusammengeklappten Flügeln an Baumstämmen und Zaunpfählen auf. Man kann ihn dann kaum von der Unterlage unterscheiden.

Raupe

Ruhestellung

mit ausgebreiteten Flügeln

HAUSMUTTER

Die Hausmutter gehört zu einer Gruppe von Schmetterlingen, die man Nachtfalter nennt. Es ist eine große Gruppe mit vielen hundert Arten.

Im Juli–August fliegt die Hausmutter überall, sie lebt von verschiedenen Pflanzensäften. Es ist ein Nachtfalter, aber wenn er gestört oder erschreckt wird, fliegt er auch tagsüber mit seinem schnellen, unruhigen Flug. Da sieht man dann die leuchtend gelben Hinterflügel. Wenn ein Vogel eine fliegende Hausmutter jagt, verfolgt er die gelbe Farbe auf den Hinterflügeln. Wenn die Hausmutter sich dann setzt, schlägt sie die Vorderflügel zusammen und versteckt die gelben Hinterflügel. Da »verschwindet« der Schmetterling für den Vogel, der verwirrt ist und das Interesse an der Jagd verliert. Er hatte schließlich etwas Gelbes gejagt...

Die Raupen der Hausmutter können grün oder braun sein, und sie leben auf fast allen grünen Pflanzen. Manchmal werden sie im Garten lästig, weil sie Kohl, Zwiebeln und Salat fressen. Die Hausmutter überwintert als Raupe.

Das sind ein paar andere Nachtfalter:

Gemeine Gelbeule

Gammaeule

Raupe

NACHTFALTER

Blaues Ordensband

Kiefernschwärmer

Mittlerer Weinschwärmer

Erdeichel-Widderchen (fliegt auch am Tage)

Brauner Bär

TAGFALTER

Aurorafalter ♂

Kleiner Kohlweißling ♀

Apollofalter

Trauermantel

Tagpfauenauge

Schwalbenschwanz

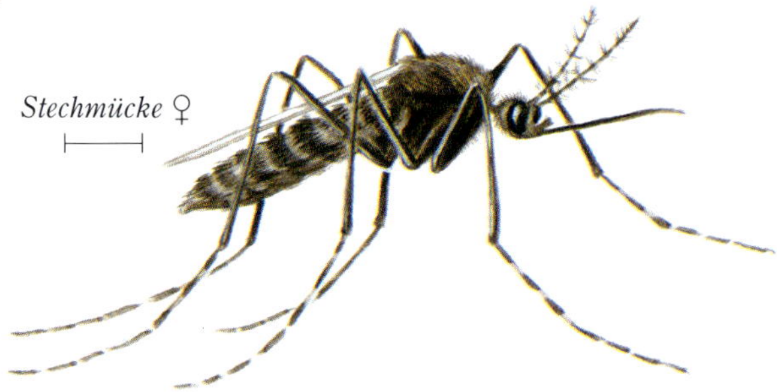

Stechmücke ♀

MÜCKEN

Wenn du von einer Mücke gestochen wirst, dann ist eines sicher: Es war ein Weibchen. Das Weibchen muß Blut saugen, damit sich die Eier entwickeln können. Wenn die Mücke Blut saugt, spritzt sie auch ein wenig Speichel in den Stich, damit das Blut nicht gerinnt. Der Mückenspeichel verursacht das Jucken. Die Männchen stechen nicht, sie saugen verschiedene Pflanzensäfte.

Kriebelmücken sind auch Stechmücken.

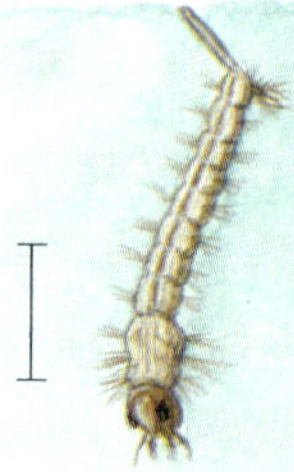

Larve einer Stechmücke

Es gibt bei uns ungefähr tausend Mückenarten. Davon gehören etwa 200 Arten zu den *Stechmücken* und *Kriebelmücken*, die Menschenblut saugen.

Die Larven und Puppen der Stechmücken leben im Wasser, und das Weibchen legt die Eier auf die Wasseroberfläche. Die Larven leben von kleinen Wasserorganismen. Sie haben ein Atmungsrohr am Hinterleib, das sie aus dem Wasser herausstrecken und mit dem sie atmen. Die Puppen hängen unter der Wasseroberfläche und können wegschwimmen, wenn sie sich bedroht fühlen. Die Mücken schlüpfen an der Wasseroberfläche aus.

Puppe einer Stechmücke

Einige Stechmücken überwintern als ausgewachsene Weibchen, bei anderen überwintern die Eier.

***Kohlschnaken** gehören auch zu den Mücken. Sie haben sehr lange Beine und können sehr groß sein. Die großen stechen allerdings nicht.*

SCHWEBFLIEGEN

Diese Schwebfliege ahmt eine Biene nach.

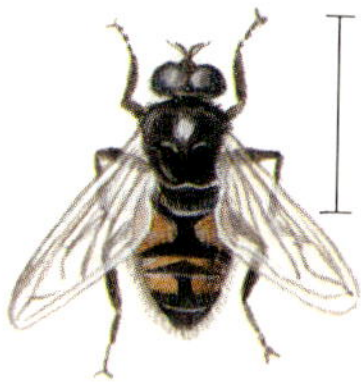

Hummelschwebfliege

Viele Menschen verwechseln Schwebfliegen mit Bienen, Hummeln oder Wespen. Und genau das ist die Absicht der Schwebfliege! Die Schwebfliegen haben keinen Giftstachel, mit dem sie sich verteidigen können wie die Wespen. Die Wespen sind außerdem giftig. Deshalb ahmen bestimmte Schwebfliegen Muster und Farbe der Wespe nach, damit Vögel und andere Feinde glauben, daß es eine angriffslustige Wespe und keine harmlose, wohlschmeckende Schwebfliege ist. Man nennt es *Mimikri*, wenn Insekten sich so verstecken. Es gibt auch Schwebfliegen, die Hummeln oder Bienen nachahmen.

In Deutschland gibt es etwa 300 Arten von Schwebfliegen. Sie lieben die Sonne, und man sieht sie auf Blumen, wo sie Pollen und Nektar fressen. Die Schwebfliegen fliegen blitzschnell, und oft stehen sie mit schwirrenden Flügeln ganz still in der Luft. Viele Schwebfliegenlarven leben von Pflanzen. Andere Arten sind gefräßige Raubtiere, die Blattläuse fressen. Es gibt auch Schwebfliegenlarven, die im Wasser leben.

Schwebfliege

So unterscheidet man eine Schwebfliege von einer Wespe: Die Schwebfliege ist kleiner und fliegt schneller und ruckartiger. Sie hat größere Augen und hat keine langen Fühler wie die Wespe.

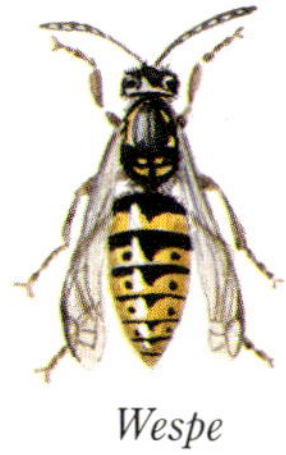

Wespe

Stubenfliege

STUBENFLIEGE

und ein paar andere Fliegen

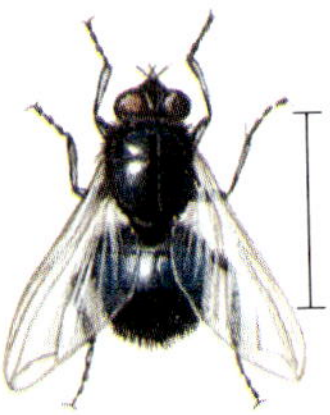

Schmeißfliege

»Staubsaugermund« der Stubenfliege

Von den vielen tausend Fliegenarten ist die Stubenfliege wohl die bekannteste, und daß sie sich in unseren Wohnungen wohl fühlt, sieht man schon am Namen. Aber am allerwohlsten fühlt sie sich in Scheunen und Ställen, wo es Dung gibt, von dem die Larven sich ernähren. Das Weibchen legt die Eier auch manchmal auf ein Stück Fleisch, einen halbverwesten Fisch, eine tote Maus oder Ähnliches.

Die Larven, die auch Maden heißen, verpuppen sich nach knapp einer Woche auf einem trockenen, dunklen Platz. Zwei Tage später schlüpfen die neuen Fliegen aus. Die Stubenfliegen schaffen bis zu zehn Generationen in einem Sommer.

Eine Stubenfliege lebt selten länger als ein paar Wochen, aber einige Fliegen aus dem letzten Eiergelege des Sommers überwintern. Man kann manchmal überwinternde Fliegen im Haus sehen.

Das Mundwerkzeug der Stubenfliege sieht aus wie ein Mundstück eines Staubsaugers. Sie kann nur flüssige Nahrung zu sich nehmen, und wenn das Futter zu trocken ist, macht sie es mit Speichel naß.

Bremsen und *Schmeißfliegen* sieht man auch oft. Bremsen kann man auch spüren – wenn sie stechen!

Kaisergoldfliege (eine Schmeißfliege)

*Die **Regenbremse** fliegt so leise, daß man sie erst bemerkt, wenn man schon gestochen wurde! Nur die Weibchen saugen Blut (oft unmittelbar bevor es regnet.)*

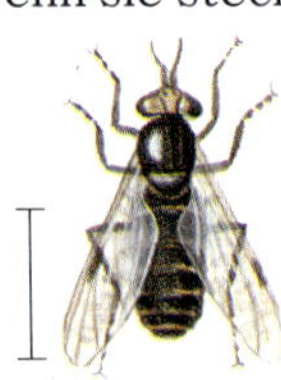

Regenbremse

Sandgrabwespe ♀

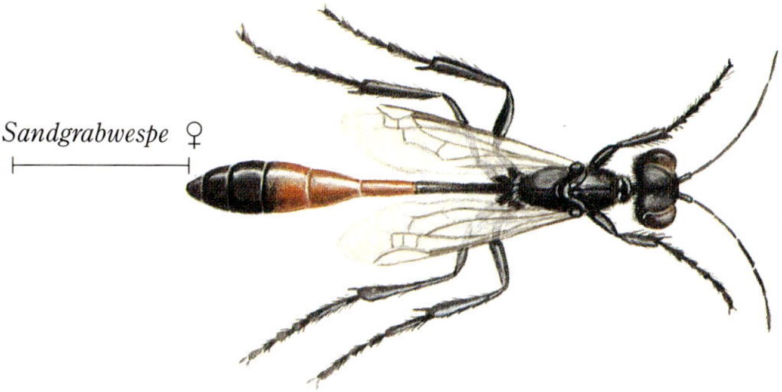

GRABWESPEN

und andere Hautflügler

Schlafapfel

Rosengallwespe

Es gibt viele verschiedene Arten von Grab- und Schlupfwespen. Sie sind trotz des Namens nicht mit den Wespen verwandt. Die *Grabwespe* ist sehr lang und schlank und bevorzugt sandige Böden. Bevor das Weibchen ein Ei legt, gräbt es eine Höhle in die Erde. Dann fliegt sie und sucht eine Schmetterlingsraupe. Wenn sie eine gefunden und mit ihrem Giftstachel betäubt hat, fliegt sie mit ihr zur Höhle oder schleppt sie hin, wenn sie schwer ist. Wenn die Raupe in der Höhle ist, legt die Wespe ein Ei, verschließt die Öffnung und fliegt davon, um eine neue Höhle zu graben. Die Larve der Grabwespe lebt von der betäubten Schmetterlingsraupe, und das fertige Insekt schlüpft erst im folgenden Sommer aus.

Die *Feuergoldwespe* sieht mit ihren schillernden Farben wie ein fliegendes Schmuckstück aus. Sie ist keine Grabwespe, sondern gehört zur Familie der Goldwespen.

Hast du schon einmal einen »Schlafapfel« auf einer Heckenrose oder Galläpfel auf einem Blatt gesehen? Die Larven einer Gruppe von Wespen, die *Gallwespen* heißen, erzeugen solche Auswüchse, sogenannte Gallen.

Das Weibchen der Sandgrabwespe hat ein Ei auf die betäubte Raupe gelegt. Jetzt verschließt sie die Öffnung der Höhle.

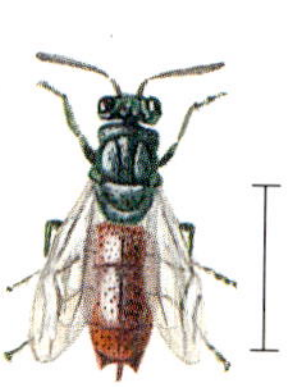

Feuergoldwespe

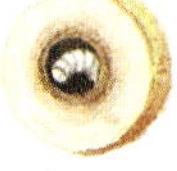

Die Larven der Gallwespen leben in den Gallen und ernähren sich von ihnen.

Eichengallwespe

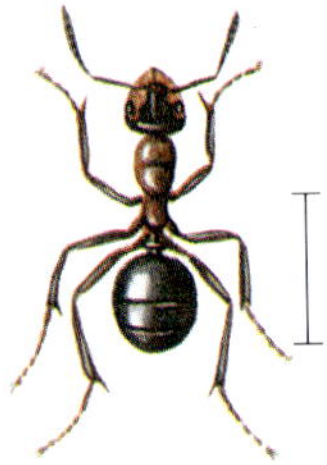

Arbeiterin

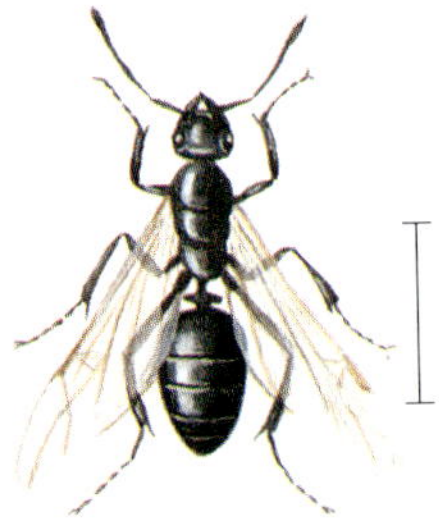

♀ Königin

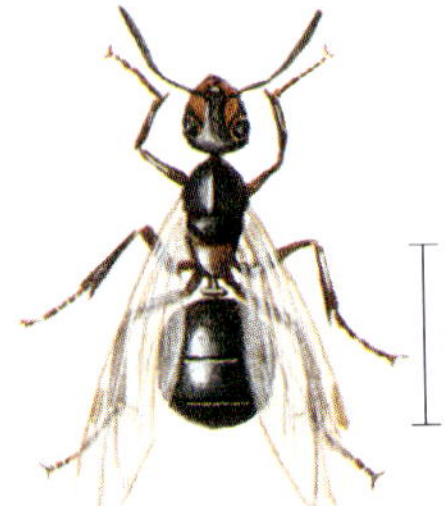

♂

AMEISEN

Staatenbildende Ameisen

Andere Ameisenarten:

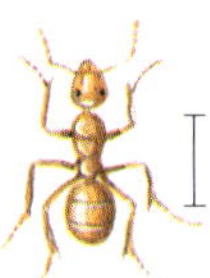

Gelbe Wegameise

Schwarze Garten- oder Wegameise

Alle Ameisen sind soziale Insekten. Das bedeutet, daß sie in Gemeinschaften zusammenleben, wo alle ihre bestimmte Aufgabe haben. Es gibt über 200 Arten von Ameisen bei uns, und die Rote Waldameise gehört zu den häufigsten.

Die Waldameise errichtet große Bauten aus Nadeln, Zweigen und anderem Pflanzenmaterial. Dort leben Hunderttausende, manchmal sogar Millionen von Ameisen. Der Bau hat auch einen unterirdischen Teil, der größer ist als der sichtbare Ameisenhaufen. Im Bau haben die Ameisen Gänge und Kammern gebaut, die verschiedenen Zwecken dienen. Einige Kammern sind »Kinderzimmer« für Eier, Larven und Puppen, in anderen wohnen die Königinnen, die Eier legen.

In einer Ameisengesellschaft gibt es Weibchen (Königinnen), Männchen und Arbeiterinnen (Weibchen, die keine Eier legen). Die einzige Aufgabe der Königin ist es, Eier zu legen. Die Eier, Larven und Puppen werden von den Arbeiterinnen versorgt, die auch die Königin hegen und pflegen. Sie tragen Futter (Insekten und andere Kleintiere) in den Bau.

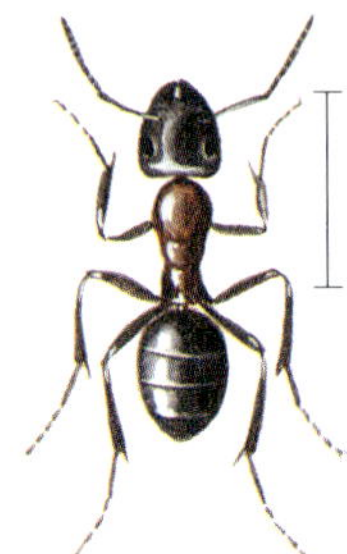

Roßameise

Die Ameise verteidigt sich, indem sie Ameisensäure aus dem Hinterleib spritzt. Wenn eine Ameise beißt, spritzt sie Ameisensäure in die Wunde, deshalb brennt es.

Ameisenbau im Schnitt. Der Haufen wird oft um einen Baumstumpf oder einen Baum gebaut. Das Ameisenvolk lebt mehrere Jahre, und der Haufen wird jedes Jahr größer.

Eine weitere Aufgabe der Arbeiterinnen ist es, zu bauen und den Ameisenhaufen zu verteidigen.

In einem Ameisenhaufen schlüpfen hauptsächlich Arbeiterinnen aus, aber im Juni–Juli schlüpfen auch Männchen und fortpflanzungsfähige Weibchen. Sie haben Flügel und werden Flugameisen genannt. Beim richtigen Wetter fliegen sie vom Bau weg, man nennt das Schwärmen. Sie paaren sich in der Luft, und nach der Paarung sterben die Männchen. Bevor die Weibchen zum Bau zurückkehren, um als Königinnen weiterzuleben, verlieren sie ihre Flügel. Manche Königinnen werden von Arbeiterinnen anderer Völker geholt und werden dann dort Königinnen. Eine Ameisenkönigin paart sich nur einmal, das reicht, um einige Jahre viele tausend Eier zu legen. Eine Königin kann viele Jahre leben. Eine Arbeiterin wird oft nur ein paar Monate alt.

Im Winter schlafen die Ameisen in ihren Bauten und wachen im Frühjahr wieder auf, wenn die Sonne wärmt.

Ameiseneier in starker Vergrößerung. Viele Leute glauben, daß die Puppen Eier sind, aber die Eier sind so klein, daß man sie mit dem bloßen Auge kaum sehen kann.

Larve

Bevor die Larve sich verpuppt, spinnt sie sich in ein kleines Paket ein, um sich zu schützen. Das Paket nennt man Kokon.

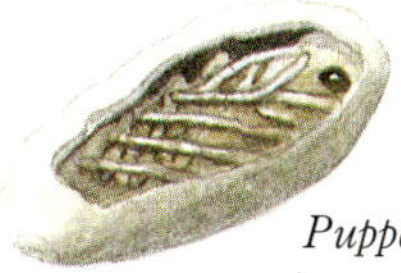

Puppe

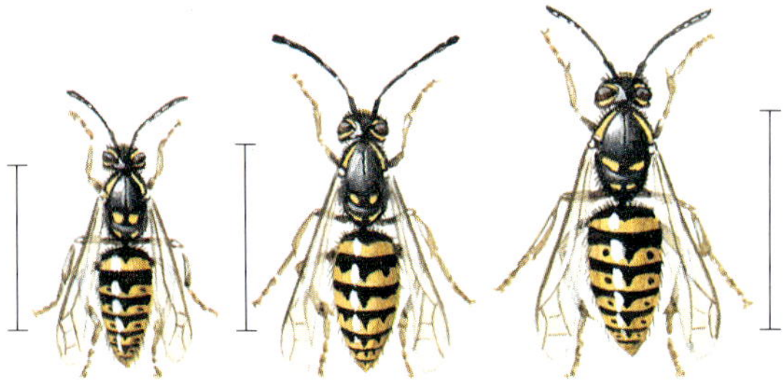

Arbeiterin *♂* *♀ Königin*

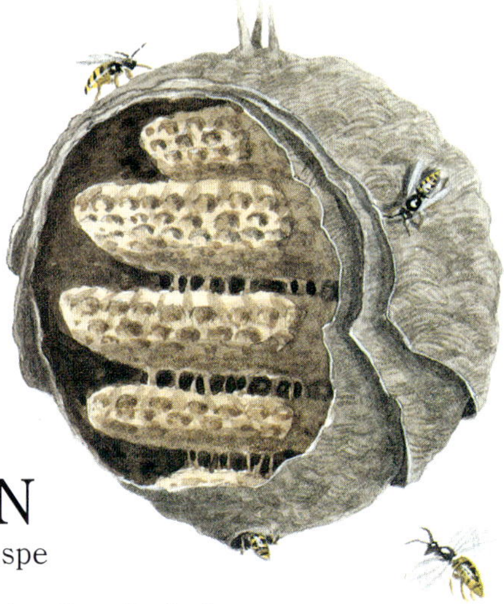

WESPEN

Gewöhnliche Wespe

Wespennest im Schnitt. Das Nest wird aus Papier gebaut, das die Wespen aus abgenagtem Holz, das sie mit Speichel zusammenkauen, herstellen.

Die gewöhnliche Wespe lebt in Gesellschaften, genau wie die Ameise, aber das Wespenvolk ist viel kleiner und hat nur eine Königin.

Im Frühjahr erwacht die zukünftige Königin in ihrem Versteck, wo sie den Winter verbracht hat, und sie fängt bald an, ein Nest zu bauen. Oft baut sie es in einem verlassenen Wühlmausbau in der Erde, es kann aber auch frei an einem regengeschützten Ort hängen, zum Beispiel unter einem Dach.

Wenn die Königin einen Teil des Nests gebaut hat, legt sie Eier in kleine Kammern, sogenannte *Zellen*, die sie zuvor gebaut hat – ein Ei in jede Zelle. Die Larven füttert sie mit getöteten Insekten. Dann schlüpfen neue Wespen aus, aber nur Arbeiterinnen. Sie bauen das Nest weiter und füttern die Larven, die Königin legt jetzt nur noch Eier.

Im Spätsommer schlüpfen Weibchen und Männchen. Die Männchen sterben nach der Paarung, und wenn der Herbst kommt, sterben auch die Königin und alle Arbeiterinnen. Nur die Weibchen, die sich gepaart haben, überwintern, und jedes Weibchen gründet im Frühjahr ein neues Volk.

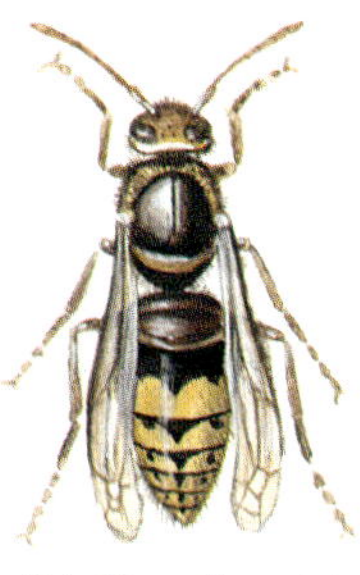

Die ***Hornisse*** *ist die größte der 60 Wespenarten, die es bei uns gibt.*

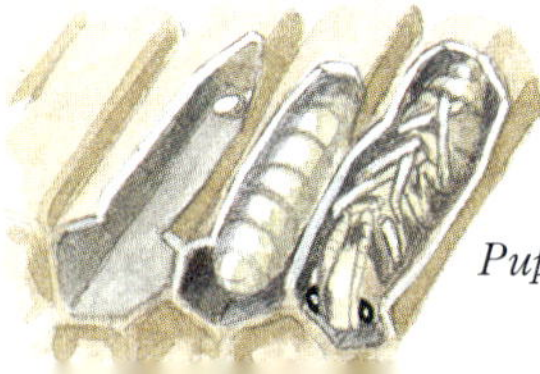

Larven und Puppen leben in kleinen Kammern, die Zellen genannt werden. (Schnitt)

♀ *Königin*

♂ *Drohne*

Arbeiterin

Die Bienen saugen Blütennektar, der sich in ihrem Magen in Honig umwandelt.

HONIGBIENE

Die Honigbiene ist ein soziales Insekt, und in einem großen Bienenvolk gibt es eine Königin, einige hundert Drohnen (Männchen) und etwa 75 000 Arbeiterinnen. Die Königin legt die Eier in die kleinen sechseckigen Zellen, die die Arbeiterinnen gebaut haben. Die Waben, die aus vielen solchen Zellen bestehen, sind auch Vorratskammern für Blütenstaub (Pollen) und Honig.

Im Frühsommer schlüpfen Drohnen und fortpflanzungsfähige Weibchen. Die alte Königin verläßt den Stock mit der Hälfte der Arbeiterinnen, um ein neues Volk zu bilden: Die Bienen schwärmen. Wenn mehrere Weibchen im alten Volk schlüpfen, gibt es einen Kampf auf Leben und Tod, das siegreiche Weibchen wird die neue Königin. Sie paart sich und legt dann Eier. Dann sterben alle Drohnen oder werden von den Arbeitsbienen aus dem Stock geworfen.

Die Honigbiene ist seit Jahrtausenden ein Haustier des Menschen wegen des guten Honigs, den sie liefert, und weil sie unsere Obstbäume bestäubt. Die meisten der etwa 280 Bienenarten, die es bei uns gibt, leben allein und bilden keine Völker.

Die Bienen bauen Waben aus Wachs, das sie aus einer Drüse am Hinterleib absondern.

Ein Imker hat spezielle kleine Häuser für die Bienen, Bienenstöcke, und in jedem Stock wohnt ein Volk. Der Honig, den man den Bienen wegnimmt, wird durch eine Zuckerlösung ersetzt.

Die Hummel baut Töpfe.

Es gibt bei uns etwa 40 verschiedene Hummeln, so sieht die Gartenhummel aus. ♀

HUMMELN

Steinhummel

Erdhummel

Ackerhummel

Die meisten unserer Hummeln (die eigentlich zu den Bienen gehören) leben in kleinen Völkern mit einer Königin, einigen Männchen und etwa hundert Arbeiterinnen. Das Nest wird oft unter der Erde oder in einem Grasbüschel gebaut.

Die Hummelkönigin überwintert, und im Frühjahr beginnt sie mit dem Nestbau. Sie ist eine geschickte »Töpferin«: Sie baut Töpfe aus Wachs, in denen Honig aufbewahrt wird (Vorrat), und Bruttöpfe, in denen Eier und Larven leben. In den Bruttöpfen ist eine Mischung aus Nektar und Blütenstaub, von dem sich die Larven ernähren.

Die Larven spinnen sich in einen Kokon ein, ehe sie sich verpuppen, und bald schlüpfen die ersten Arbeiterinnen aus. Sie kümmern sich um das Nest, bauen neue Töpfe und sammeln Blütenstaub und Nektar für die Larven, die Königin legt nur noch Eier.

Im Spätsommer schlüpfen Männchen und fortpflanzungsfähige Weibchen, die sich paaren. Vor dem Winter sterben die Königin, die Männchen und alle Arbeitsbienen. Nur die Weibchen, die sich gepaart haben, überleben, und im Frühjahr werden sie zu neuen Königinnen in neuen Völkern.

Achtung, Giftstachel! Wespen, Hummeln und Bienen verteidigen sich, indem sie mit einem Stachel an der Spitze des Hinte leibs stechen.

Die Hummeln sammeln Blütenstaub in speziellen »Pollenkörbchen« aus harten Haaren an den Hinterbeinen. (Honigbienen sammeln auf die gleiche Art Blütenstaub.)

Hainlaufkäfer

LAUFKÄFER

Feld-Sandlaufkäfer

Die meisten Laufkäfer sind Raubtiere und fressen Regenwürmer, Schnecken und andere Kleintiere, denen sie mit ihren langen, kräftigen Beinen hinterherlaufen. Die Laufkäfer sind eine Gruppe Käfer mit etwa 700 Arten in Deutschland. Die meisten sind Nachttiere, und tagsüber verstecken sie sich in der Erde, unter Steinen oder an einem anderen dunklen Ort. Auch die Larven sind gefräßige Raubtiere. Ein Laufkäfer kann mehrere Jahre alt werden und überwintert als ausgewachsenes Tier in der Erde.

Der *Hainlaufkäfer* ist einer unserer häufigsten Laufkäfer, und man sieht ihn oft in Parks und Gärten, wo er nachts auf Wurmjagd umherflitzt.

Feld-Sandlaufkäfer heißt ein schöner Laufkäfer, der sich an sonnigen, offenen Plätzen wohl fühlt. Er jagt am Tage und ist sehr schnell. Wenn er erschreckt wird, fliegt er mit schwirrenden Flügeln davon. Die Larven graben einen senkrechten Gang in die Erde, so daß nur der Kopf herausschaut. So lauert die Larve Ameisen und anderen Insekten auf und fängt sie mit ihren kräftigen Kiefern.

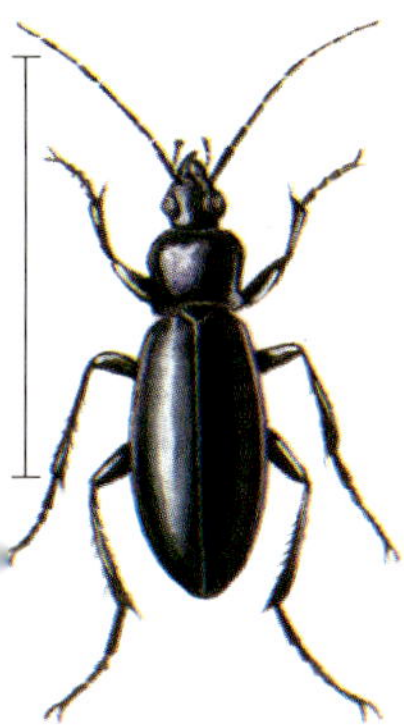

Goldleiste

Die Larve eines Laufkäfers frißt gerne Regenwürmer. Manchmal ist der Wurm größer als die Larve.

Gemeiner Totengräber

TOTENGRÄBER

Aaskäfer

Rothalsige Silphe

Die Totengräber gehören zur Müllabfuhr der Natur: Sie kümmern sich um tote Kleintiere und Vögel. Sie gehören zu der Gruppe der Aaskäfer.

Wenn eine Maus gestorben ist, riecht der Totengräber den Geruch des toten Tieres mit seinen empfindlichen Fühlern von weitem. Bald kommen ein Männchen und ein Weibchen angeflogen. Sie landen bei der Maus und untersuchen sie. Wenn mehrere Käferpaare kommen, gibt es Streit um die Beute, und das stärkste Paar jagt die anderen davon.

Wenn das Männchen und das Weibchen sich gepaart haben, graben sie die Erde unter der Maus weg, so daß sie langsam in die Erde sinkt. Das Weibchen gräbt einen Gang von der »Grabkammer« zur Erdoberfläche. In den Gang legt sie die Eier, und nach ein paar Wochen schlüpfen die Larven.

Am Anfang füttert sie die Larven mit Futter, das sie erbricht, aber bald können die Larven alleine von der toten Maus fressen. Die Larven verpuppen sich, und irgendwann kriechen neue Totengräber an der Stelle, wo die tote Maus gelegen hatte, aus der Erde.

Die Totengräber haben eine tote Maus gefunden.

Frühlingsmistkäfer

MISTKÄFER

Wenn man im Wald spazierengeht, trifft man manchmal den *Frühlingsmistkäfer*, der mühsam auf seinen kräftigen, stacheligen Beinen vorwärtskrabbelt. Wenn du einen Mistkäfer findest, kannst du sehen, daß die Unterseite schön blau oder violett schillert. Und dann siehst du vielleicht auch seine »blinden Passagiere«. Es sind kleine Spinnentiere (Milben), die vom Mistkäfer transportiert werden. Man könnte also sagen, daß die Milben nicht mit dem Bus, sondern mit dem Mistkäfer reisen.

Roßkäfer

Der Frühlingsmistkäfer ist unser häufigster Mistkäfer. Er lebt von Tierkot, den er mit Hilfe seiner Fühler riechen kann. Wenn der Mistkäfer einen guten Kothaufen findet, gräbt er einen senkrechten Gang darunter. Er gräbt auch kleine Kammern, in die die Eier gelegt werden. Dann werden der Gang und die Kammern mit Kot gefüllt, von dem die Larven leben, wenn sie ausgeschlüpft sind.

Der *Roßkäfer* ist auch recht häufig. Er lebt auf offenen, sandigen Böden, wo er von Kuhfladen lebt. Es gibt bei uns 140 Arten von Mistkäfern.

Der Mistkäfer hat den Kothaufen eines Rehs gefunden.

Gewöhnlicher Rosenkäfer mit ausgebreiteten Hinterflügeln.

ROSENKÄFER

Der grünglänzende Rosenkäfer liebt die Sonne. An warmen, sonnigen Tagen fliegt der große Käfer brummend durch die Luft. Da ist er dann auf der Suche nach dem Blütenstaub der Blumen, von dem ernährt er sich.

Der Rosenkäfer ist der einzige Käfer, der fliegen kann, ohne seine Flügeldecken zu öffnen. Er streckt seine Hinterflügel durch Einbuchtungen an den Seiten der Flügeldecken. So wird der weiche Hinterleib des Käfers auch beim Fliegen von den Flügeldecken geschützt. Das ist ein guter Schutz gegen hungrige, insektenfressende Vögel, die sich gerne einen Käfer in der Luft schnappen!

Die Larven des Rosenkäfers leben von verrottenden Pflanzenteilen, oft in alten, morschen Baumstümpfen. Es gibt auch Rosenkäferlarven, die in Ameisenhaufen leben, wo sie verrottende Pflanzenteile am Boden des Haufens fressen, ohne die Ameisen zu stören. Besonders die Larve des *Olivgrünen Rosenkäfers* lebt in Ameisenhaufen.

Olivgrüner Rosenkäfer

Es kann vorkommen, daß der Rosenkäfer beim Essen einschläft und in der Blume übernachtet…

Siebenpunkt-Marienkäfer

MARIENKÄFER

Fast alle Marienkäfer sind kräftig schwarz und rot, gelb oder orange. Es sind Warnfarben, die Vögeln und anderen Feinden mitteilen, daß sie schlecht schmecken. Die meisten Arten sind Raubtiere. Sowohl die Larven als auch die ausgewachsenen Käfer vertilgen massenhaft Blattläuse. Deshalb sind die Marienkäfer sehr nützlich in den Gärten, wo die Blattläuse oft die Pflanzen schädigen.

Es gibt bei uns ungefähr 100 Arten von Marienkäfern, und der *Siebenpunkt* ist einer der häufigsten. Sie überwintern oft gemeinsam unter Rinde oder an einem anderen geschützten Ort. Nach der Paarung im Frühjahr sucht das Weibchen eine Pflanze, auf der es viele Blattläuse gibt. Da legt es seine Eier. Die Larven schlüpfen mitten auf dem »Eßtisch«, sie brauchen also nur zuzulangen!

Wie bei allen anderen Käfern verpuppt sich die Marienkäferlarve. Nach etwa einer Woche kriecht ein neuer Marienkäfer aus der Puppe. Da ist er noch ganz gelb, aber er wird schnell rot und bekommt seine Punkte.

Larve

Puppe

VERSCHIEDENE ARTEN VON MARIENKÄFERN UNTERSCHEIDEN SICH DURCH DIE ANZAHL DER PUNKTE:

Augenmarienkäfer

Zweiundzwanzigpunkt

Zehnpunkt

Zweipunkt

GROSSER BRAUNER RÜSSELKÄFER

Die Gruppe von Käfern, zu der der Große Braune Rüsselkäfer gehört, heißt insgesamt *Rüsselkäfer*. In Mitteleuropa gibt es etwa 1 200 Arten. Man erkennt sie an ihren langen, rüsselartigen Mundwerkzeugen, die sie wie Mini-Elefanten auf sechs Beinen aussehen lassen.

Der Große Braune Rüsselkäfer lebt im Nadelwald, und wenn er still auf einem Fichten- oder Kiefernast sitzt, kann man ihn fast nicht sehen. Im Frühjahr, wenn er sich paart, verläßt er manchmal den Wald, und da kann man ihn schon mal anderswo herumkrabbeln sehen. Im Sommer legt das Weibchen seine Eier in die Wurzeln eines frischen Kiefern- oder Fichtenstumpfes, wo die Larven sich dann vom Holz ernähren. Sie verpuppen sich im Herbst, und der Käfer schlüpft im Frühjahr.

Die ausgewachsenen Käfer fressen die Rinde junger Kiefern und Fichten und können großen Schaden in Nadelbaumschonungen anrichten. Der Käfer kann sehr alt werden: 3 bis 6 Jahre!

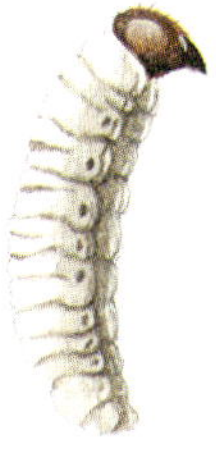

Larve

Das Weibchen des kleinen ***Haselnußbohrers*** *bohrt ein Loch in unreife Haselnüsse und legt ein Ei hinein. Die Lave ernährt sich vom Nußkern und wird von der harten Schale geschützt.*

♂

♀

SCHWIMMKÄFER

Gelbrandkäfer

Schwimmkäfer leben im Wasser. Sie sind gute Schwimmer, ihre behaarten Beine benutzen sie wie Ruder. Die Schwimmkäfer haben ihren Luftvorrat zum Atmen unter den Vorderflügeln. Wenn sie den Vorrat auffüllen müssen, schwimmen sie an die Wasseroberfläche und holen Luft mit der Spitze des Hinterleibs. Sowohl die Larven als auch die Käfer sind gefräßige Raubtiere, sie fressen Kaulquappen, kleine Fische, Insekten und andere Kleintiere.

Der Gelbrandkäfer lebt in stehenden und pflanzenreichen Gewässern. Das Männchen hat Saugnäpfe an den Vorderbeinen. Mit denen hält er das Weibchen fest, wenn sie sich paaren. Das Weibchen legt die Eier auf eine Wasserpflanze, manchmal legt sie sie auch auf das Männchen. Das trägt sie dann mit sich herum, bis die Larven ausschlüpfen. Die Larven holen mit einem Atemrohr am Ende des Hinterleibs Luft von der Wasseroberfläche. Bevor sie sich verpuppen, graben sie sich in die feuchte Erde am Ufer ein. Der Gelbrandkäfer überwintert im Wasser und kann mehrere Jahre alt werden.

Der Schwimmkäfer füllt seinen Luftvorrat auf.

Die Larve des Gelbrandkäfers fängt ihre Beute mit spitzen, hakenähnlichen Oberkiefern.

Hirschkäfer (der größte Käfer Mitteleuropas) ♂

Zimmermannsbock ♂

Roter Blumenbock, Rothalsbock ♀

Gemeiner Weichkäfer

Maikäfer

Ameisenbuntkäfer

Pinselkäfer

Pappelblattkäfer

Zum Weiterlesen

Chinery, Michael:
Insekten Mitteleuropas, 3. Aufl., Hamburg/Berlin 1984

Dierl, Wolfgang:
Insekten, 3. Aufl., München 1985

Dierl, Wolfgang und Werner Ring:
Insekten, München 1988

Novak, Jan und Frantisek Severa:
Schmetterlinge, Hanau 1986

Pfletschinger, Hans:
Insekten, Stuttgart 1989

Zahradnik, Jiri:
Der Kosmos-Insektenführer, 5. Aufl., Stuttgart 1989

Register

126 59